Anforderungen an und Belastungen für das Trinkwasser

Misturat Anifowose

Bibliografische Information der Deutschen Nationalbibliothek:

Die Deutsche Nationalbibliothek verzeichnet diese Publikation in der Deutschen Nationalbibliografie; detaillierte bibliografische Daten sind im Internet über http://dnb.d-nb.de abrufbar.

ISBN: 9783346886880
Dieses Buch ist auch als E-Book erhältlich.

© GRIN Publishing GmbH
Trappentreustraße 1
80339 München

Alle Rechte vorbehalten

Druck und Bindung: Books on Demand GmbH, Norderstedt Germany
Gedruckt auf säurefreiem Papier aus verantwortungsvollen Quellen

Das vorliegende Werk wurde sorgfältig erarbeitet. Dennoch übernehmen Autoren und Verlag für die Richtigkeit von Angaben, Hinweisen, Links und Ratschlägen sowie eventuelle Druckfehler keine Haftung.

Das Buch bei GRIN: https://www.grin.com/document/1361958

Facility Management
WiSe 2018/2019

Trinkwasser Anforderungen / Belastungen

Autor: Misturat Anifowose

Chemie, Gesundheits- und Umweltschutz

Beuth Hochschule Berlin

24.01.2019

Inhalt

Einführung

Die Basis für allen Leben auf der Erde ist Wasser. Es ist jedoch keine Selbstverständlichkeit, dass beim Aufdrehen eines Wasserhahns fertiges Trinkwasser, in großer Menge und mangelfreier Qualität, ausströmt. Dies ist zumindest in den meisten Länder der Erde nicht selbstverständlich.

Um eine einwandfreie Qualität zu erzielen und die damit verbundene Anforderungen zu erreichen, ist ein Zusammenspiel von mehreren ineinandergreifenden gesetzlichen, amtlichen und technischen Einflüssen von Nöten. „Sie umfassen den Schutz der Ressource, den technischen Bereich von der Wassergewinnung über Trinkwasseraufbereitung, Speicherung und Verteilung bis hin zur Hausinstallation sowie die Überwachung".[1]

In früheren Zeiten, vor allem in Mitteleuropa, war die Seuchenausbreitung durch kontaminierte Trinkwasserbrunnen von großer Bedeutung. Durch Sanierungsmaßnahmen der Trinkwasserversorgung nach den Vorgaben von Max Pettenkofer und Robert Koch erfolgten neue Bestimmungen für eine hygienischere Wasserversorgung. „Pettenkofer erkannte die Abhängigkeit der Seuchenentstehung von der Beschaffenheit der menschlichen Umgebung. Robert Koch war der Hauptbegründer der medizinischen Bakteriologie. Er entwickelte naturwissenschaftliche Standardmethoden, mit denen er bewies, dass spezielle Bakterien die Ursache der so verheerend wirkenden ansteckenden Krankheiten wie z. B. Cholera und Pest sind und denen man bisher machtlos gegenüberstand".[1]

Trinkwasser hat in Europa die strengsten vorgegebene Werte und Vorschriften gegenüber allen anderen Lebensmitteln.

---

[1] https://www.lanuv.nrw.de/fileadmin/lanuv/wasser/pdf/Trinkwasserbericht_NRW.pdf

Qualitätsüberprüfung

Die Trinkwasserverordnung regelt die Anforderungen, die an Wasser in Deutschland gestellt sind – dies ist ein Rechtsystem, das sowohl im Inland als auch europaweit eine feststehende Richtlinie vertritt. Dabei wird die Qualität von Wasser, die der Mensch zu sich nimmt, festgelegt und überprüft. Somit gilt beispielsweise Regenwasser in Deutschland nicht als ‚Trinkwasser', da dieses nicht überprüft wird. Außerdem wird empfohlen Regenwasser nicht zu trinken.

Trinkwasser dient der Stärkung und Wohlbefinden. So soll es also naturbelassen, klar, geruchlos, leicht, geschmackvoll und sauber sein. Es handelt sich demnach nicht nur um das Wasser zum Einnehmen, also zum Trinken, sondern auch um all das Wasser, was mit dem menschlichen Körper und mit Nahrungsmitteln in Verbindung kommt.

Kontrolle des Elements

Trinkwasser enthält als Naturprodukt natürlicherweise gelöste Stoffe. Diese machen zum einen den Geschmack aus, zum anderen werden sie im Körper für den Aufbau und für verschiedene Funktionen benötigt. Da aber auch im Trinkwasser Schadstoffe sind und oder entstehen können, gibt die Deutsche Trinkwasserverordnung (TrinkwV) sehr strenge Grenzwerte bei der Qualitätsüberprüfung vor. Dies dient zur Vermeidung von negativen Folgen für die Bevölkerung.
Um die Grenzwerte zu erheben, wurden gesunde Erwachsene eingesetzt. Kranke und Kleinkinder bedürfen ein weit niedrigerer Grenzwert der Schadstoffe.

Auch die Pflichten der Versorgungsunternehmen und die der Überwachungsbehörden werden von dem TrinkwV geregelt. Sie bestimmen die zu untersuchenden mikrobiologischen und chemischen Parameter als auch die Häufigkeit der Überwachung. Denn der Zweck ist es, „die menschliche Gesundheit vor den nachteiligen Einflüssen, die sich aus der Verunreinigung von Wasser ergeben, das für den menschlichen Gebrauch bestimmt ist, durch Gewährleistung seiner Genusstauglichkeit und Reinheit nach Maßgabe der […] Vorschriften zu schützen."[2]

---

[2] Abschnitt 1 §1 der Trinkwasserverordnung

Qualitätsgrund Keimfreiheit

Im Allgemeinen ist Trinkwasser Süßwasser, das reichlich an Reinheit aufweist, sodass es problemlos in Gebrauch genommen werden kann. Um jedoch eine bedenkenlose Verwertung zu gewährleisten, muss das Süßwasser technische Anforderungen erfüllen. So darf es nicht gegenüber Rohrleitungen aggressiv wirken und oder sich dort negativ ablagern. Außerdem muss es pathogenfrei sein - d.h. pathogene Keime (heißt, Mikroorganismen mit krankmachenden Eigenschaften (z. B. Bakterien, Hefen, Mikropilze [Pilze], deren Gehalt in Lebensmitteln zu Lebensmittelvergiftung bzw. Lebensmittelinfektionen führen)[3] dürfen sich nicht im Trinkwasser aufhalten oder bilden. Die Prüfung der Keimfreiheit erfolgt gezielt auf diese Bakterien.

Die von der Trinkwasserverordnung angegebene Grenzwert für die Gesamtkeimzahl liegt bei 100 Koloniebildende Einheiten pro Milliliter (KBE/ml). Für ein ausgeprägtes Trinkwasserqualität darf die Anzahl also nicht überschritten werden. Es genügen nämlich 10.00   KBE pathogene Keime, die das Trinkwasser kontaminieren, um einem Menschen zu infizieren.

Anmerkung der Redaktion:
Diese Abbildung wurde aus urheberrechtlichen Gründen entfernt.

Abbildung 1 - Vergleichsoberfläche zur Bestimmung der koloniebildenden Einheiten (KBE) [3]

---

[3] https://www.spektrum.de/lexikon/ernaehrung/pathogene-keime/6766

Da viele elementar auftretende Bakterien für die Gesundheit verträglich sind, geht es in erster Linie nur darum Trinkwasser keimfrei zu halten – nicht unbedingt steril.
Die Mineralstoffe (Calciumionen, Magnesiumionen, Carbonat-Ionen, Hydrogencarbonat-Ionen und Sulfationen), die sich aus dem jeweiligen Untergrund im Wasser lösen, sollten im Trinkwasser nur eine Mindestkonzentration enthalten.
Diese Konzentrationen werden allesamt als ‚Härtegrad des Wassers' angegeben. Trinkwasser darf zudem min. 5°C und max. 25°C haben. Der pH-Wert muss zwischen 6,5 und 9,5 liegen.

Schutz und Herkunft

Trinkwasser wird größtenteils als Grundwasser aus Brunnen gewonnen. Aber auch Wasser aus der Oberfläche, wie z.B. aus dem Bodensee oder Flüssen werden verwendet. Um das Wasser Trinkfähig zu erhalten, wird das Wasser zunächst aus dem Gewässer und oder aus Brunnen in Gewässernähe entnommen und anschließend aufbereitet. Durch ein Verteilungssystem bestehend aus Behälter, Pumpen und Leitungen, wird es zum Verbraucher hin transportiert.
Zum Schutz der Gesundheit und zur Vermeidung von Seuchen ist eine keimfreie und zuverlässige Wasseraufbereitung und Wasserversorgung somit von großer Bedeutung.

Dringend zu vermeiden ist ein Stillstand des Wassers in den hausinternen Leitungen, denn so wächst die Zahl der Mikroorganismen rasant an.
Zustände für die Entwicklung der Mikroorganismen, können organische Stoffe im Wasser sein und oder der Baustoff der Leitungen gibt organische Stoffe ab.

Anmerkung der Redaktion:
Diese Abbildung wurde aus urheberrechtlichen Gründen entfernt.

Abbildung 2 – Wasserherkunft Zusammensetzung [4]

Vorkehrungen

Sofern Schutzgebieten deutlich und ordnungsgemäß dargestellt bzw. gekennzeichnet werden, sind Komplikationen bei der Trinkwasserqualität vermeidbar.
Beispielsweise ist die Schutzstellung in ländlichen Gebieten unzureichend, da dort die Nitratbelastung des Wassers aufgrund der extremen Gülleausträge der Landwirte sehr hoch ist. Nitrat kann im Organismus oder auch bei der Verarbeitung und Zubereitung von Lebensmitteln in Nitrit umgebaut werden - das kann für Säuglinge und Kleinkinder gefährliche Auswirkungen bedeuten.

Bei dergleichen Ausmaß ist die Reduzierung der Nitratbelastung von Nöten – dies ist bspw. durch Tieferbohren der Brunnen und durch Gemeinschaftsarbeit mit der Landwirtschaft realisierbar. Gleichermaßen benötigen flussstammendes Wasser eine ordnungsgemäße Aufbereitung, da sie Schadstoffe enthalten können. Die Schadstoffe können aus Kläranlagen oder Industrieeinleitungen in das Gewässer eindringen. Ebenso können Restbestände aus Medikamenten und andere körperfremden Stoffe, wie Röntgenkontrastmittel oder Sexualhormone, durch Zirkulation wieder in das Trinkwasser gelangen und Gefahren verursachen.
Aus diesem Grund ist eine umfangreiche Vorfeldkontrolle an den Flüssen Deutschlands sowie die Bereitstellung von Techniken zur Wasseraufbereitung seitens der Wasserversorger notwendig.

Objekte oder Methoden in das Rohwasser oder auch in das Trinkwasser dürfen, sofern sie nicht der Trinkwasserverordnung dienen, nicht eingebracht werden. Dies dient zur Aufrechterhaltung der Trinkwasserqualität und zur Vorbeugung, da z.B. die Verlegung von Breitbandkabel für schnelles Internet in Trinkwasserleitungen Qualitätsverlust verursacht.

Nach §11 der Trinkwasserverordnung dürfen für die Aufbereitung von Trinkwasser ausschließlich Stoffe, die in der Liste der Aufbereitungsstoffe und Desinfektionsverfahren aufgeführt sind, verwendet werden. Die DIN 2000 regelt die Güteanforderungen für Trinkwasser und gibt gleichzeitig eine Liste der Eigenschaften und Stoffgruppen, die nicht für das Trinkwasser geeignet sind, vor.
Für die bedeutendsten Stoffe und Parameter sind Grenzwerte bzw. Anforderungen festgesetzt, die eingehalten werden müssen. Es handelt sich um 26 chemische Stoffe, 20 Indikatorparameter und 3 mikrobiologische Parameter. Die Grenzwerte sind so ausgelegt, dass bei lebenslanger Aufnahme keine gesundheitlichen Gefährdungen auftreten. Eisen, Mangan oder die Koloniezahl bestimmter Krankheitserreger sind typische Indikatoren, die helfen eingetretene Veränderungen der Wasserqualität zu entdecken.

Mikrobiologische Parameter

In Bezug auf die mikrobiologischen Parameter im Leitungswasser sollten bestenfalls keine gesundheitsschädlichen Mengen an Krankheitserreger vorhanden sein. Da es jedoch unvermeidbare Mikroorganismen im Wasser gibt, geht es darum ihrer Konzentration so gut wie möglich zu minimieren.

So gilt beispielsweise für das Darmbakterium ‚Escherichia coli' und ‚Enterokokken' ein Grenzwert von 0 pro 100 ml. Sofern Trinkwasser in Behältern ausgegeben werden, sind Bakterien wie ‚coliforme und Pseudomonas aeruginosa' darin enthalten. Ein spezieller Indikatorparameter ist das Aufkommen von Legionellen – diese vermehren sich in stagnierendem Wasser und Warmwassersysteme. Legionellen können schwere Lungenentzündungen verursachen, wenn sie eingeatmet werden.

Chemische Parameter

Für chemische Stoffe gilt, dass sie absolut nicht in zu hohe Konzentrationen im Trinkwasser vorhanden sein dürfen, denn sie können nachteilige Auswirkungen auf die menschliche Gesundheit haben. Diese sind:

- **organische Substanzen** wie Acrylamid, Benzol und Tetrachlorethylen
- **Schwermetalle**, darunter Chrom, Quecksilber, Uran, Blei und Arsen
- **Giftstoffe** in Form von Cyanid, Nitrat und Nitrit
- **Pflanzenschutzmittel** und andere Biozide
- **Indikatorparameter** wie pH-Wert, Geruch, Geschmack und Leitfähigkeit, die die Eigenschaften des Trinkwassers bestimmen.

Physikalische Parameter

Weiterhin sind radioaktive Stoffe, die in ihrer Konzentration oder Strahlungsaktivität für die Gesundheit bedenklich sind, im Trinkwasser verboten. Laut der TrinkwV muss Leitungswasser auf Radon-222 und Tritium überprüft werden.

> „Tritium ist ein besonders problematischer radioaktiver Stoff. Tritium wird vom Körper aufgenommen und führt zu einer gleichmäßigen Strahlenbelastung aller Organe. Es kann im Körper organisch gebunden werden und bei seinem radioaktiven Zerfall noch nach Jahren den menschlichen Körper schädigen und Krebs hervorrufen."[4]

---

[4]   https://www.bbu-online.de/Kampagnen/Tritium-Projekt.pdf

Radon ist überall in der Umwelt zu finden. Es entsteht im Boden als eine Folge des radioaktiven Zerfalls von natürlichem Uran, das im Erdreich in vielen Gesteinen vorkommt. Circa 5 Prozent der an Lungenkrebs verstorbenen Menschen hat Radon und seine Zerfallsprodukte in Gebäuden verursacht. Es sammelt sich dort an und erhöht weiterhin das Lungenkrebsrisiko der Anwohner.
Der Parameterwert liegt hier bei 100 Bq/l. (Bq = Becquerel. Es ist die Einheit der Aktivität einer Menge einer radioaktiven Substanz. Die Aktivität gibt die mittlere Anzahl der Atomkerne an, die pro Sekunde radioaktiv zerfallen).[5] Das heißt, ein Becquerel entspricht einem radioaktiven Zerfall pro Sekunde.

Diese Tabelle zeigt die Messdaten aus 2014 bis 2016. Sind die Werte überschritten, gilt das Wasser als gesundheitsgefährdend und erfüllt nicht den Qualitätsstandard der TrinkwV. Damit wird eine Nachuntersuchung fällig und gegebenenfalls eine Sanierung.

Anmerkung der Redaktion:
Diese Abbildung wurde aus urheberrechtlichen Gründen entfernt.

Abbildung 3 – Tabelle Trinkwasserqualität [5]

Der Geruch, die Trübung und die Färbung müssen für Verbraucherinnen und Verbraucher annehmbar sein und dürfen keine anormalen Veränderungen aufweisen.
Die Leitfähigkeit muss als Maß für den Salzgehalt im vorgeschriebenen Bereich liegen wie auch der pH-Wert als Maß für den sauren oder alkalischen Charakter des Wassers.
Ein Liter Trinkwasser darf nicht mehr als 0,01 Milligramm (mg) Blei, 2 mg Kupfer, 0,02 mg Nickel und 50 mg Nitrat enthalten.
Ein Liter Trinkwasser darf von einem Pestizid nicht mehr als 0,1 Mikrogramm (µg) enthalten und die Gesamtkonzentration aller Pestizide darf 0,5 µg nicht überschreiten.
In 100 Milliliter (ml) Wasser dürfen weder die Darmbakterien Escherichia coli noch Enterokokken oder coliforme Bakterien vorkommen.
In einem ml Wasser am Zapfhahn einer Verbraucherin oder eines Verbrauchers dürfen nicht mehr als 20 Kolonien bildende Einheiten bei 22 °C auftreten.
Grenzwertüberschreitungen gab es bei dem Parameter „coliforme Bakterien" – das sind Indikatorbakterien, deren Auftreten im Trinkwasser nicht immer als direkte Gesundheitsgefahr zu deuten ist.[6]

---

[5] [2]

[6] www.umweltbundesamt.de - Qualität des Trinkwassers aus zentralen Versorgungsanlagen

Blei

Blei ist ein chemisches Element, ein Schwermetall das früher zur Herstellung von Bleileitungsrohren verwendet wurde. Auch neu verlegte Kupferrohre wurden zur häuslichen Trinkwasserversorgung mit bleihaltigem Lot verbunden, das zu eine deutliche Bleibelastung im Trinkwasser führt.

Blei im Trinkwasser oder Brunnenwasser hat eine gefährliche Auswirkung auf dem menschlichen Körper. So kann so zu einer Störung der Funktionstüchtigkeit des Zentralnervensystems bzw. zu einer Entwicklungsstörung bei ungeborenen und Kleinkindern führen. Hinzukommen chronische Vergiftungen und Störungen der geistigen Entwicklung, Schwächegefühl und Appetitlosigkeit. Bei Erwachsenen lagert es sich in dem Knochengewebe ab und ist dort nicht gesundheitsgefährdend. Bei Babys und Kleinkindern jedoch ist sein neurotoxisches Potenzial näher zu betrachten.

Auch nur ein geringes Aufkommen von Blei im Trinkwasser können auf verzinkte Rohre hinweisen, da Zink häufig mit diesem chemisch ähnlichen Stoff (Blei) verunreinigt ist. Ebenso können Armaturen bleihaltig sein.
Seit Dezember 2013 gilt in Deutschland für Blei im Trinkwasser ein Grenzwert von maximal 0,010 mg/l. Dieser Wert kann von Trinkwasser, das durch Bleirohre fließt, in der Regel nicht eingehalten werden. Sofern dieser Wert also überschritten werden sollte und für eine lange Zeit in den Rohrleitungen stand, beispielsweise über Nacht, sollte zur Vorbeugung vor dem Nutzen zuerst einige Liter Wasser fließen zu lassen, um mögliche Mengen an Bleikonzentrationen im Wasser zu verringern.

Anmerkung der Redaktion:
Diese Abbildung wurde aus urheberrechtlichen Gründen entfernt.

Abbildung 4 – Elementsymbol Pb (lat. Plumbum) für Blei; engl. Lead [6]

Cadmium

Für den menschlichen Stoffwechsel ist Cadmium in jeder Art der Konzentration ein unnötiges, unerwünschtes Schwermetall, da es auch im Trinkwasser in kleinen Mengen enthalten ist.
Bei Aufnahme breitet sich Cadmium hauptsächlich in der Nierenrinde und in der Leber aus und ab einer kritischen Konzentration kann Nierenschäden verursachen. Für Menschen mit leichtem Eisenmangel, wie z.B. Kleinkinder und Schwangere ist es besonders gefährlich.

Ansteigende Cadmiumkonzentrationen im Trinkwasser sind auf die Korrosion verzinkter Stahlrohre zurückzuführen. Besser ist es demnach, bei Konzentrationen > 0,001 mg/l Vorkehrungen zu treffen und das Trinkwasser zu filtern oder nach einer längeren Standzeit in der Leitung (z.B. über Nacht) vor der Verwendung erst einige Liter ablaufen zu lassen, um eine deutliche Verringerung der Schwermetallkonzentration zu erzielen.

Anmerkung der Redaktion:
Diese Abbildung wurde aus urheberrechtlichen Gründen entfernt.

Abbildung 5 - Elementsymbol Cd für Cadmium [6]

Eisen

Auch Eisen ist im Trinkwasser, vor allem aufgrund des Aussehens, unerfreulich und kann zu technischen Schäden an Anlagenteilen der Wassergewinnung und Verteilung führen. Dennoch ist Eisen als Metall ein natürlicher, denn es kommt gebietsweise in Bodenschichten vor und liegt dort in gelöster oder in fester Form vor.

Da Grundwasser jedoch oft sauerstoffarm ist und reduzierende Eigenschaften hat – heißt, das Aufdrängen eigener Elektronen auf anderen Stoffen – kann sich Eisen aus den Bodenschichten herauslösen. Somit weisen Trinkwasser aus solchem Grundwässer erhöhte Eisenkonzentrationen auf. Dadurch, das Eisen rostet, also Korrosion bildet, kann es ungehindert von den Eisenrohren der Trinkwasserinstallationen in das Trinkwasser gelangen. Sobald Eisen sich im Wasser innerhalb der Leitungsinstallation aufhält, kann es zu unerwünschten Ablagerungen führen, die wiederum Mikroorganismen, zum Beispiel Eisenbakterien, die Möglichkeit zur Ansiedlung bieten.
Der Grenzwert von Eisen liegt demnach gemäß Trinkwasserverordnung (TrinkwV) bei 0,2 mg/l. Es dient dem Schutz vor Ablagerungen in den Leitungen und Behältern und hilft kostspielige Reinigungsmaßnahmen zu umgehen.

Nichtsdestotrotz ist zu erwähnen, dass Eisen, bei normaler Dosierung, keine gesundheitliche Gefährdung darstellt, da es für den menschlichen Organismus unentbehrlich ist. Erst ab 200 mg/l wird es für den Menschen schädlich.
Jedoch sollte eine Abtrennung kontinuierlich erfolgen, um sicherzustellen, dass der Grenzwert unterschritten bleibt. Bei eisenhaltigen Grundwässern kann die Abtrennung durch eine Belüftung (Oxidation) in offenen (Riesler, Kaskaden) oder in geschlossenen Anlagen (Kompressoren) erfolgen. Dabei entstehen unlösliche Verbindungen, die durch Filtration (z.B. in einem Sandfilter) abgetrennt werden.

Anmerkung der Redaktion:
Diese Abbildung wurde aus urheberrechtlichen Gründen entfernt.

Abbildung 6 - Farbtafel für Eisen [7]

Kupfer und Nickel

Sowie Eisen ist Kupfer ein lebenswichtiges Spurenelement - „Medizinisch betrachtet sind Spurenelemente chemische Stoffe von denen dem Körper weniger als 50 mg pro Tag zugeführt werden müssen, damit dieser seine lebenswichtigen Stoffwechsel-Funktionen fortführen kann. Ein Fehlen von essentiellen (lebensnotwendigen) Spurenelementen bei Menschen, Pflanzen und Tieren ruft schwere physiologische Schäden hervor"[7]-.

In größeren Mengenaufnahme kann es jedoch hoch giftig sein und somit gesundheitsschädigend. Im Zusammenspiel mit dem Trinkwasser kann Kupfer zu akuten Magen-Darm-Störungen, Koliken oder Leberschäden führen. Sowie bei Bleikonzentrationen sind auch hier Erwachsene weniger anfällig als Kleinkinder und insbesondere Säuglinge.

1987 wurde ein Zusammenhang zwischen einer tödlich verlaufenden Leberzirrhose von Säuglingen und deren Ernährung mit stark kupferhaltigem Trinkwasser bei einem Wert von 3 mg/l (Milligramm) nachgewiesen. Derzeit liegt der Grenzwert gemäß der TrinkwV bei 2 mg/l. Wie bei allen anderen Metalle, die im Trinkwasser vorkommen, ist auch hier aus Vorsorgegründen zu empfehlen, bei Konzentrationen größer 1 mg/l, nach einer längeren Standzeit in der Leitung (z.B. über Nacht), vor der Entnahme das Wasser erst einige Liter ablaufen zu lassen.

Anmerkung der Redaktion:
Diese Abbildung wurde aus urheberrechtlichen Gründen entfernt.

Abbildung 7 – Kupferrohr [8]

Nickel führt ab einer zu hohen Aufnahme zu Darmbeschwerden und eventuell Hirnschäden. Im Trinkwasser befindet sich eine Konzentration von kleiner 20 µg/l (Mikrogramm). Dieser Wert ist sehr gering und ist deshalb nicht toxisch.

---

[7] http://www.chemie.de/lexikon/Spurenelement.html

Uran und Zink

Auch Uran spielt eine kleine Rolle, nimmt jedoch in puncto Radioaktivität keine große Bedeutung auf, da es nur in sehr kleinen Mengen vorkommt und eher durch seine Schwermetalltoxizität schädigend ist.
„Mit der ersten Änderungsverordnung zur Trinkwasserverordnung, die am 1. November 2011 in Kraft trat, wurde ein Grenzwert von 10 µg/l (Mikrogramm/Liter) für Uran im Trinkwasser eingeführt. Er schützt alle Bevölkerungsgruppen lebenslang vor der chemisch-toxischen Wirkung von Uran auf das empfindlichste Zielorgan, die Niere".[8]

Ein weiteres lebenswichtiges Spurenelement und eine zudem nicht giftiges ist Zink. Zink ist allerdings häufig mit den chemisch ähnlichen Elementen Blei und Cadmium verunreinigt. Außerdem kann bei erhöhten Nitratwerten im Trinkwasser durch den Zusammenstoß von Zink mit Nitrat das giftige Nitrit gebildet werden.
Sobald Wasser, vor allem bei längeren Standzeiten, durch verzinkte Rohre in den Leitungen eines Gebäudes fließt, kann eine erhöhte Zinkkonzentration im Trinkwasser auftreten.

Der Zinkbedarf wird zwar mit der täglichen Nahrungsaufnahme, inklusive des im Trinkwasser enthaltenen Zink, gedeckt. Allerdings darf Zink auch nicht in enorm großen Konzentrationen aufgenommen werden, um ernsthafte gesundheitliche Probleme zu vermeiden. Wie zum Beispiel Übelkeit, schwere Koliken, Unterleibskrämpfe, blutiger Durchfall. Bei Kindern kann es zu Störungen des Enzymhaushalts sowie des Immunsystems führen.

Über das Trinkwasser ist eine hohe Konzentration der Zinkmengen nicht zu erreichen. Demnach ist Zink im Trinkwasser nicht direkt gefährlich. Trübungen im Wasser und Veränderungen des Wassergeschmacks weisen auf eine hohe Zinkkonzentration von etwa 5 Milligramm.

---

[8] https://www.dvgw.de/themen/wasser/wasserqualitaet/uran/

Fazit

Alles in Allem ist die bestmögliche und effektivste Maßnahme bei einer Schwermetallbelastung im Trinkwasser, natürlich das Austauschen des vorhandenen Leitungssystems. Statt beispielsweise Bleileitungsrohren können Edelstahlrohre bzw. Kunststoffleitungen für die Trinkwasserversorgung verwendet werden. Allerdings sollten Edelstahlrohre nicht mit anderen Substanzen wie Zink oder Kupfer kombiniert verwendet werden, da diese sonst stark korrodieren.

Um zudem Schwermetallkonzentration im Wasser zu verringern, kann das benötigte Trinkwasser gefiltert werden. Nachfüllbarem Ionenaustauscher für Schwermetalle können dabei helfen. Der Ionenaustauscher ist ein wirksames Verfahren der Wasserenthärtung und gleichzeitig eine Abhilfemaßnahme gegen Schwermetalle im Trinkwasser.

Anmerkung der Redaktion:
Diese Abbildung wurde aus urheberrechtlichen Gründen entfernt.

Abbildung 8 – Ionenaustauscher [9]

Des Weiteren kann für den privaten Haushalt Anlagen verwendet werden, die nach dem Prinzip der Umkehrosmose funktionieren. Die Umkehrosmoseanlagen dienen zur Entfernung von Schwermetallen und radioaktiver Rückstände.

Anmerkung der Redaktion:
Diese Abbildung wurde aus urheberrechtlichen Gründen entfernt.

Abbildung 9 - Funktion der Osmosemembran [10]

„Das Verfahren der Umkehrosmose ist mit einer extrem feinen Filtration
vergleichbar und wird daher auch als Hyperfiltration bezeichnet. […]
Osmose bezeichnet den Prozess des Konzentrationsausgleich zweier
Flüssigkeiten durch eine halbdurchlässige Membran. Dieser Vorgang
tritt immer auf, wenn zwei wässrige Lösungen mit unterschiedlicher
Ionen-Konzentration durch eine semipermeable (halbdurchlässige)
Wand getrennt sind. Im Prozess der Osmose wird der
Konzentrationsausgleich dadurch erreicht, dass das Lösungsmittel
Wasser durch die Wand auf die Seite der höheren Ionen-Konzentration
wechselt und somit die dortige Lösung verdünnt.[9]"

Anmerkung der Redaktion:
Diese Abbildung wurde aus urheberrechtlichen Gründen entfernt.

Abbildung 10 - Umkehrosmose Wasserfilter [11]

---

[9] www.wasserhaus.de – Reinigungsverfahren Umkehrosmose

Quellen

[1] Deckblatt Abbildung:
https://www.rct-online.de/magazin/wp-content/uploads/2018/03/Natuerliches-Wasser.jpg

[2] Literatur:
Hanno Krieger: Grundlagen der Strahlungsphysik und des Strahlenschutzes. 3., überarbeitete und erweiterte Auflage. Vieweg+Teubner, Wiesbaden 2009, ISBN 978-3-8348-0801-1, Kapitel 3.2.1 Aktivitätsdefinitionen.

[3] https://www.shop-huber-haustechnik.de/media/image/74/2f/5a/aqua-free-keimtest-bild-vergleichsoberflaechen-b500px.jpg

[4] http://zwa-mev.de/uploads/tx_templavoila/infographic_0000_1.png

[5] https://www.umweltbundesamt.de/sites/default/files/medien/384/bilder/2_tab_trink wasser_2018-04-11.png

[6] https://www.ll-euro.com/media/image/03/74/00/xschwermetal-blei.png.pagespeed.ic.5x0vvLCZyZ.webp

[7] https://www.wasserpantscher.at/images/Fe_nichtoki_farbtafel_lowres.jpg

[8] https://www.sbz-online.de/Cache/GENTNER/10024/p_ODE0MzY2Wg.JPG

[9] https://www.xn--wasserenthrtung-9kb.info/wasserenthaertungsanlage/

[10] https://www.wasserhaus.de/WebRoot/Store4/Shops/62372559/MediaGallery/bilder/technik/umkehrosmose_membran.jpg

[11] https://www.osmofresh.de/Umkehrosmose/images/pic02.jpg

[12] https://www.spektrum.de/lexikon/ernaehrung/pathogene-keime/6766

[13] http://www.hartmutschmitt.de/triwass.htm

[14] http://www.waterquality.de/hydrobio.hw/1ANF.HTM

[15] https://www.dakks.de/sites/default/files/dokumente/71_sd_4_011_anforderungen_trinkw-laboratorien_20170119_v1.4.pdf

[16] https://www.hausjournal.net/anforderungen-trinkwasser

[17] https://www.hausjournal.net/trinkwasserverordnung

[18] https://www.hausjournal.net/trinkwasser-grenzwerte

[19] https://www.hausjournal.net/ph-wert-trinkwasser

[20] https://www.umweltbundesamt.de/daten/wasser/wasserwirtschaft/qualitaet-des-trinkwassers-aus-zentralen#textpart-6

[21] https://www.dvgw.de/themen/wasser/trinkwasserverordnung/

[22] http://www.chemie.de/lexikon/Trinkwasser.html

[23] https://www.umweltbundesamt.de/themen/wasser/trinkwasser

[24] https://www.eauvation.de/wasser/grenzwerte-trinkwasserverordnung/

[25] https://www.ugb.de/forschung-studien/nitrat-im-essen-vom-saulus-zum-paulus/

[26] http://www.wasseranalyse-wassertest.de/trinkwv-wassertest/grenzwerte-trinkwasser.php

[27] https://www.bluaqua.com/WebRoot/Store14/Shops/64003794/MediaGallery/Downloads/Gutachten/Aluminium.pdf

[28] https://www.wasserhaus.de/epages/62372559.sf/de_DE/?ObjectPath=/Shops/62372559/Categories/Service/Reinigungsverfahren/Schwermetalle

[29] https://www.wasserhaus.de/epages/62372559.sf/de_DE/?ObjectPath=/Shops/62372559/Categories/Service/Reinigungsverfahren/Chemische

[30] https://www.wasserhaus.de/epages/62372559.sf/de_DE/?ObjectPath=/Shops/62372559/Categories/Service/Reinigungsverfahren/UV-Technik

[31] https://www.lanuv.nrw.de/fileadmin/lanuv/wasser/pdf/Trinkwasserbericht_NRW.pdf

[32] https://www.enwor.de/de/Produkte/Trinkwasser/Trinkwasserqualitaet/Trinkwasserqualitaet/enwor-kundeninfo-Grenzwerte.pdf

[33]   https://www.wassertest-online.de/blog/zink-im-trinkwasser/

[34]   https://www.ortenaukreis.de/media/custom/2390_2405_1.PDF?1478783045

[35]   https://www.allum.de/stoffe-und-ausloeser/blei/vorkommen-und-verwendung

[36]   http://www.bfs.de/DE/themen/ion/umwelt/radon/einfuehrung/einfuehrung.html